せつない
夜空(よぞら)のは

# ブラックホールは、「穴」じゃないの?

「大切なのは、疑問を持ちつづけること」

これは「20世紀最高の科学者」とも言われる
アインシュタイン博士の言葉です。

「ブラックホールってなんだろう?」
「宇宙ってどうやってはじまったんだろう?」
「宇宙は最後、どうなるんだろう?」

理科の授業でこんな風に思ったとしても、
答えを探さず、疑問を持ったことすら
忘れてしまったことはありませんか?

この本では、そんな夜空や宇宙のふしぎを、
「せつない」という視点から紹介します。

流れ星が、実は「星」ではなかったり、
月が地球からちょっとずつ離れていっていたり、
宇宙にもゴミ問題があったり……。
夜空や宇宙は「せつない事実」であふれています。

ただ、すべての答えがこの本で見つかるわけではありません。
宇宙の研究は、いまもまだつづいているからです。

だから、本を読み終わったら、
ぜひ夜空を見上げていろいろ想像してみてください。
アインシュタイン博士は、こんな言葉も残していますから。

「空想する才能は、知識を身につけるより、
ずっと大きな意味があります」

# 目次 もくじ

P4-7 目次
P8　キャラクター紹介

## 1章 超せつない夜空のはなし10
P12　ブラックホールは、「穴」じゃない。
P14　宇宙の95％は正体不明。
P16　宇宙にもゴミ問題がある。
P18　月は、地球から離れていっている。
P20　流れ星は、実は星じゃない。
P22　恐竜は、隕石にぶつかって絶滅したわけじゃない。
P24　星座の形は、ほんのちょっとずつ変わっている。
P26　星の名前は、日本語に訳すとけっこう地味。
P28　宇宙飛行士は、お風呂に入れない。
P29　宇宙のはじまりは、激アツ。

## 2章 せつない夜空のはなし
P32　地球には毎日、お相撲さん600人以上の重さの物質が落ちている。
P34　流れ星は、「星くそ」とも呼ばれた。
P35　流れ星は、意外とめずらしくない。
P36　コラム1　流れ星が、お坊さんを救った？
P38　隕石は、燃え尽きなかった流れ星。
P40　コラム2　漬物石にされた隕石がある。
P42　彗星は、汚れた氷のかたまり。
P44　彗星は、どんどん溶けている。
P46　彗星の最後は、せつない。

P48 流星群は、彗星の落としもの。

P50 オーロラが見える日は、停電するかもしれない。

P52 オーロラは、南極側でも見えるのに……。

P54 北極星は、ちょっと動いている。

P56 冬の星座は、夏の夜空でも見えている。

P58 赤い星は、年老いた星。

## 3章 せつない惑星のはなし

P62 惑星の由来は、「惑う星」。

P64 惑星は、自分の力では輝けない。

P66 水星は、いつも太陽の近くにいる。

P68 水星は、熱しやすく冷めやすい。

P70 水星の表面は、ボコボコ。

P71 水星の1年は、3ヶ月しかない。

P72 金星は、ずっとくもり。

P74 金星の雨は、浴びたら死ぬ。

P75 金星は、めちゃめちゃ熱い。

P76 地球は最後、太陽に飲みこまれる。

P78 火星は、さびた星。

P80 火星は、「火の星」と書くのに、寒い。

P81 火星の火山は、高すぎ。

P82 コラム3 火星人のイメージは、小説から生まれた。

P84 木星は、ほとんどガス。

P86 木星は、月だらけ。

P87 木星は、ちょっと太っている。

P88　土星の「わ」は、氷。
P90　土星以外にも、「わ」はある。
P92　コラム4　ガリレオは、土星の「わ」を耳だと思った。
P94　天王星は、横に倒れている。
P96　コラム5　天王星は最初、「ジョージ」と名づけられた。
P98　海王星は、1年が長すぎ。
P100　コラム6　海王星の発見者は、3人いる。
P102　冥王星は、惑星から外された。
P104　火星と木星の間には、岩石がたくさんある。
P105　「たこ焼き」という名前の星がある。

## 4章　せつない太陽と月のはなし

P108　太陽は、実は燃えていない。
P110　太陽も、止まっていられない。
P112　コラム7　源氏は、日食におびえて戦いに負けた。
P114　コラム8　日食を予測できず、殺された人がいる。

P116　月は、裏側を見せてくれない。
P118　スーパームーンは、占い関係者がつくった言葉。
P120　月は、地球のかけらでできている。
P122　月の模様は、「おばあさん」にもなる。
P124　コラム9　「地球がまわっている」と言ったら、罪になった時代がある。

## 5章　せつない宇宙開拓のはなし

P128　「はやぶさ2」のエンジンは、鼻息くらいの力しかない。
P130　「はやぶさ2」は、太陽の光に支えてもらった。

P132 「はやぶさ」は、小惑星の砂を届けて燃え尽きた。
P134 月と人工衛星は、ある意味仲間。
P136 宇宙では、ペットボトル1本の水が100万円。
P138 宇宙では、昨日のオシッコが、今日のコーヒーになる。
P140 宇宙では、シャワーを浴びると死ぬかもしれない。
P142 命綱なしで宇宙に出た宇宙飛行士がいる。
P144 宇宙では、毎日2時間以上の筋トレが必要。
P145 宇宙飛行士は、地球に戻るとすぐには立てない。

## 6章 せつない宇宙と星のはなし

P148 宇宙のはじまりは、ビッグバンではないかもしれない。
P150 星は、ガスやチリから生まれる。
P152 超新星爆発は、「新星」と書くけど、年老いた星の爆発。
P154 「銀河系」と「銀河」は、意味が違う。
P156 銀河系は将来、別の銀河とぶつかる。
P158 星の数は、多すぎ……。
P160 「光年」は、時間の単位ではない。
P162 宇宙人に送った手紙は、返事があったとしても4万年後。
P164 星団には、名前が複数ある。
P166 宇宙は最後、どうなるか分からない。

P168 索引

・記載している情報は、2018年9月現在のものです。
・イラストや図の比率や距離は、実際とは異なります。
　また、細部を省略したり変形させているものもあります。

# キャラクター紹介

## ゼウス
星と女の子が大好きな神様。すぐに女の子をくどく。調子に乗りすぎて、ときどき危険な目にあうことも。

## ヘラ
ゼウスの妻。遊びまわるゼウスにヤキモチを焼いている。でもそれくらいゼウスのことが大好き。

## アルゴス
目が100もある怪物。ヘラと仲良し。本当にこんな姿なのかは、だれも知らない。

## ハデス

死の国の王。世の中のダークな一面を見つけるとワクワクしはじめる。

## オリオン

冬の星座。狩りの名人だけど、ちょっとドジ。さそりが苦手。

## おおぐま座・こぐま座

春の星座。ゼウスのせいで星になった親子。仲良く夜空で暮らしている。

## こいぬ座

冬の星座。見た目はかわいいけど、実は気が強い。

# 1章

## 超せつない夜空の

超せつない夜空

# ブラックホールは、「穴」じゃない。

　いまだにナゾの多いブラックホール。その正体は、ものすごく重力の強い天体です。光さえも出られないほど重力が強いため、星が輝く宇宙では、ブラックホールがあるとそこだけ「黒い穴」のように見えます。これが「ブラックホール」と呼ばれるワケ。

　太陽よりずっと重い星が爆発した際に、星の中心がどんどんつぶれていき、最終的にブラックホールになると考えられています。つまり、ブラックホールの正体は、「死んだ星の残りもの」でもあるのです。

# 宇宙の95%は正体不明。

## 宇宙は何でできている?

| ダークマター 26% | ダークエネルギー 69% | 元素など 5% |
|---|---|---|

※ 元素とは、物質のもとになる原料のこと。現在、水素、ヘリウム、
　酸素など、全部で 118 の元素が見つかっています。

　宇宙は何でできているのか……実はその約95%はいまだに分かっていません。「ダークマター」と呼ばれる強い重力を持つ目に見えない物質が26%、「ダークエネルギー」と呼ばれる宇宙を広げる力が69%……人類が正体を明らかにしているのは、身のまわりの元素などのたった5%しかありません。

　星の数ほどナゾがある、それが宇宙なのです。

超せつない夜空

# 宇宙にも
# ゴミ問題がある。

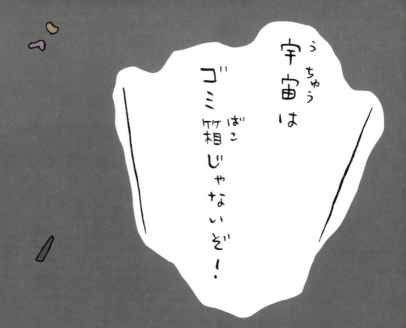

# 宇宙は ゴミ箱じゃないぞ!

地球のまわりには、実はゴミがいっぱいです。その正体は、使い終わった人工衛星やロケットのかけらなど。「宇宙ゴミ」と呼ばれ、直径10cm以上のものは約2万個あると言われています。宇宙飛行士のいるISS（国際宇宙ステーション）付近の宇宙ゴミのスピードは、秒速約8km……危なーい!
そのため、宇宙ゴミがISSや人工衛星などにぶつからないよう、現在は24時間レーダーで監視しています。

# 月は、地球から離れていっている。

これからも仲良くいようね♡

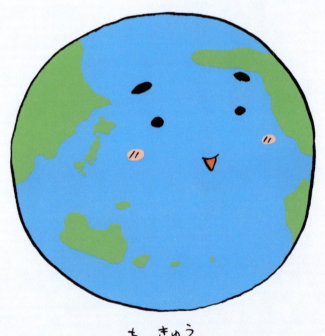

ちきゅう
地球

地球のまわりをまわっている月。ずっと地球のそばにいるイメージがありますが、実は1年に3.8cmほどずつ、地球から離れていっています。月ができたばかりのころは、地球と月は数万kmしか離れていなかったそう。しかし、現在は約38万kmも離れています。

ちなみに38万kmは、人が歩くと約11年、飛行機（時速1000km）だと約16日かかる距離です。

超せつない夜空

# 流れ星は、実は星じゃない。

「流れ星」と聞くと、はるか遠くにある星が流れてキラリ……なんてロマンチックな想像をしてしまいます。でも、それは間違い。流れ星は、宇宙では輝きません。では、どこで輝くのかというと、なんと地球の大気の中。宇宙にただようチリが地球に飛びこみ、大気にぶつかって光るのです。

　チリの大きさは直径数mm〜数cm。光る高さは地上から70〜100kmほど。まさか流れ星が宇宙のチリで、しかも空のすぐ上で光っていたなんて……せつない。

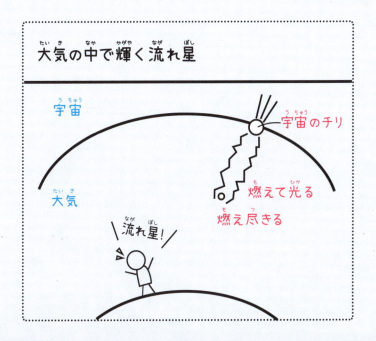

大気の中で輝く流れ星

# 恐竜は、隕石にぶつかって絶滅したわけじゃない。

いまから約6600万年前、現在のメキシコのあたりに隕石が落ちました。その大きさは直径10kmほど。落ちた場所には、直径150km以上の大きなクレーター（隕石のあと）ができました。

ただし、この隕石が恐竜にぶつかって絶滅したわけではありません。隕石の落下後、その影響で地球がものすごく寒くなり、恐竜は変化に対応できずに絶滅してしまったと言われています。たった1つの隕石で突然世界が変わるなんて……こわい。

# 星座の形は、ほんのちょっとずつ変わっている。

昨日と少しい位置が変わってない？

わからないわ～

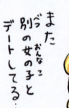

またおんなこ別の女の子とデートしてる…

星座の形は、ずっと同じではありません。どの星も宇宙の中をものすごいスピードで移動しているので、何万年も経つと夜空の星座の形はかなり変わってしまいます。すぐに変わらないのは、星がとてつもなく遠くにあるから(遠くの人が動いていても、あまり移動していないように見えるのと同じです)。

たとえば、おおぐま座の北斗七星を見てみましょう。

北斗七星は、現在は下のような形をしています。

でも、10万年後にはおそらく下のような形になります。

しっぽが折れてしまいますね。

超せつない夜空

# 星の名前は、日本語に訳すとけっこう地味。

夏の大三角の星の1つ・デネブ（はくちょう座）は、日本語に訳すと「しっぽ」。秋の空に輝くフォーマルハウト（みなみのうお座）は、日本語で「魚の口」……体の位置を示しているだけでとても地味です。

冬を代表する星座・オリオン座のベテルギウスとリゲルも、日本語にするとせつなくなります。どちらも強そうな名前なのに、ベテルギウスは「脇の下」、リゲルは「左足」……戦ったらすぐに負けそうですね。

はくちょう座

みなみのうお座

オリオン座

超せつない夜空

# 宇宙飛行士は、お風呂に入れない。

　宇宙飛行士は、宇宙へ行くとISS（国際宇宙ステーション）で生活します。ISSとは、地上約400kmにある巨大な実験施設。ここにはシャワーすらなく、石けんを含んだタオルで体をふくことを「シャワー」と呼んでいるそうです。それだけでかなりスッキリするようですが、お風呂好きにはちょっとつらいかも……。

# 宇宙のはじまりは、激アツ。

1○○○○○○○○○○○○○○○○○○○○○○○○○○○○○○○℃

だけど、さわる？

　宇宙はいまから約138億年前に誕生しました。生まれたばかりの宇宙はとても小さく、アツアツの火の玉だったそうです。これが爆発的に膨らみ、大きな宇宙となりました。この宇宙の爆発的な膨張を「ビッグバン」と呼びます。

　ちなみに、火の玉は10億×10億×10億℃にもなったそう。「0」が多すぎて、どれくらい熱いのかイメージすらできませんね。

# 2章

# せつない夜空の

夜空

# 地球には毎日、お相撲さん600人以上の重さの物質が落ちている。

　地球には、なんと毎日100トンほどの物質が宇宙から飛んできています。100トンというと、体重160kgのお相撲さん625人分！　ほとんど被害がないのは、地上に届く前に燃え尽きてしまうからです。隕石として地上まで届くものは、年間数十個ほど。

　燃え尽きるとはいえ、お相撲さん600人以上の重さの物質が毎日降ってきているなんて……。

# 流れ星は、「星くそ」とも呼ばれた。

　夜空をスーッと流れる姿は、「流れ星」という名前がピッタリです。でも、昔は「走り星」「星こぼれ」「遊び星」「星の舞い」など、ほかの呼び方もありました。仲間の星から追い出された「縁切り星」なんて悲しい名前もありましたが、もっとひどい名前もあります。それが「星くそ」。流れ星＝星のうんこ、という意味です。

　……うんこに願いごとなんて、ちょっとムリ。

# 流れ星は、意外とめずらしくない。

「流れ星を見られたらラッキー」と思っているかもしれません。でも、地球には毎日100トンほどの物質が飛んできていて（P32）、それらは地球の大気に触れて流れ星として燃え輝きます。

そのため、空の暗い場所なら流れ星はそれほどめずらしくありません。1時間も見上げていれば、おそらくその輝きを見つけることができるでしょう。

# 流れ星が、お坊さんを救った？

1人のお坊さんを救った流れ星があると言われています。ときは鎌倉時代、1271年10月23日の夜明け前のこと。日蓮宗をつくったお坊さん・日蓮は、絶体絶命のピンチにおちいっていました。「ほかの宗派や幕府の悪口を言った」として、鎌倉幕府に捕まり、海の近くで首を切られそうになっていたのです。

役人が刀を振り上げ、日蓮の首

をめがけて振り下ろそうとしたそのとき、

「ピカッ」「ピカッ」

夜空に明るい光が次々と現れました。役人たちはすっかりおびえてしまい、その場でブルブルと震えています。すると幕府から別の役人がやってきてこう伝えました。

「この者を切ってはならぬ……」

こうして日蓮は、助かったのです。

このときの明るい光は、流れ星だったのではないかと言われています。まれに夜空を照らすほどの流れ星が流れることがありますが、それが日蓮を救ったのかもしれないですね。

# 隕石は、燃え尽きなかった流れ星。

　ほとんどの流れ星は、地球の大気の中で燃え尽きます。でも、ときどき燃え尽きずに地上に落ちてくるものがあります。それが隕石。隕石の正体は、地上まで燃え尽きなかった流れ星なのです。

　現在見つかっている隕石は、5万個以上。90％以上は石ですが、鉄でできた隕石（隕鉄）もあります。重さは数g～数十トンのものまでさまざま。その多くは、火星と木星の間にある小惑星帯（P104）からやってくると考えられています。燃え尽きるのもせつないけど、地面に落ちるのもまたせつない……。

あら　ながれ星？

## column2

# 漬物石にされた隕石がある。

ばかもの

ただのいし石じゃなかったの？

「こりゃ重い石だなぁ、漬物石にちょうどいい」

1890年、富山県の川の上流で大きな石を2つ拾った人がいました。彼はその石を自分の家の漬物石として使いはじめましたが、なんとそれが隕鉄（宇宙から落ちてきた鉄）だと分かります。隕石の中には、鉄や

ニッケルが主な成分である「隕鉄」というものがあるのです。
　その話を聞いた明治政府の農商務大臣・榎本武揚は、自分のお金で2つある隕鉄の1つを買い取ります。そして、その隕鉄を使って職人に「流星刀」をつくることを命令。1898年12月、榎本はできあがった流星刀を皇太子（のちの大正天皇）に献上したのです。
　漬物石にされたり、刀にされたり……まさか隕鉄も地球でそんな運命をたどるとは思ってもいなかったことでしょう。

# 彗星は、汚れた氷のかたまり。

夜空

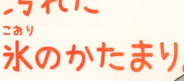

彗星の正体は、ガスやチリを含んだ氷のかたまりです。その多くは直径数km〜数十km。海王星（P98）の外側、もしくは太陽系（P155）のはしからやってくると考えられています。

夜空では美しく輝く彗星ですが、近くで見たら意外と汚れていて、ちょっと「あれ？」ってなるかも。

## 彗星・流れ星はどこで輝く?

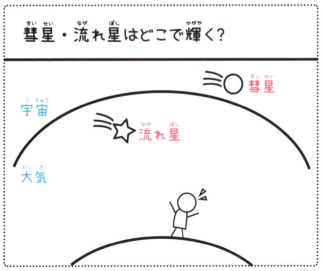

彗星は宇宙で輝き、流れ星は地球の大気の中で輝きます。

# 彗星は、
# どんどん溶けている。

夜空

ママ！ほうきみたーーい

あれは星よ

←こぐま座

おおぐま座→

彗星は、その姿から「ほうき星」とも呼ばれます。ほうきのように見えるのは、太陽の熱で氷が溶けて、内側のガスやチリが飛び出すから。彗星は太陽に近づけば近づくほど、その光が当たって明るく輝きますが、その分、命をけずっているのです。

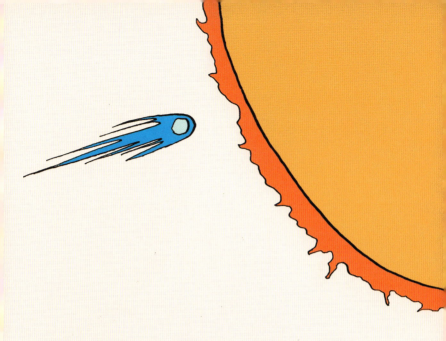

## 彗星は「ほうき星」

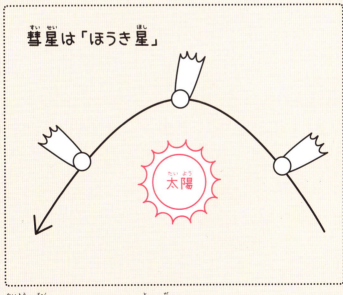

太陽と逆のほうにガスやチリが飛び出します。

# 彗星の最後は、せつない。

夜空

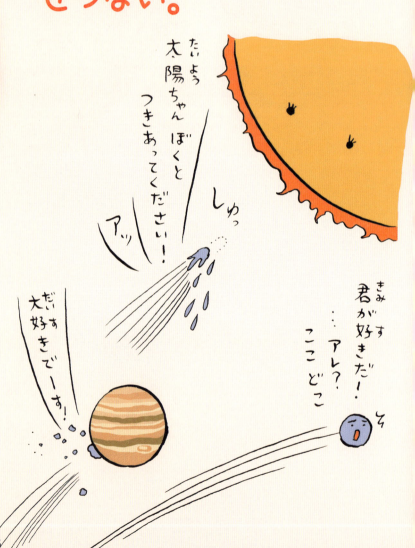

彗星の最後は、大きく分けて3つあります。

　1つ目は、溶けてなくなってしまうもの。2013年のアイソン彗星は、かなり明るく見えると期待されていましたが、太陽に近づいた際に溶けて消えてしまいました。

　2つ目は、惑星などに激突してしまうもの。1994年にはシューメーカー・レヴィ第9彗星が木星に衝突して消えています。

　3つ目は、太陽に近づいてから二度と戻ってこないもの。彗星には何年かおきに太陽に近づくものと、二度と戻ってこないものがあります。戻ってこない彗星はいまも、宇宙をさまよいつづけているのかも……。

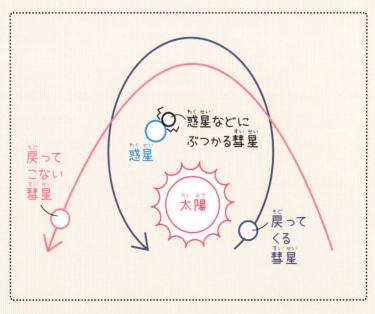

# 流星群は、彗星の落としもの。

夜空

キレイ！

流星群とは、夜空のある一点から流れるように見える流れ星です。たとえば「ふたご座流星群」は、「ふたご座のほうから流れるように見える流れ星たち」のこと（ふたご座の星が流れるわけではありません）。

ではなぜ、そんなことが起こるのでしょうか？　それは、地球が1年かけて太陽を1周する際、彗星が落としたチリが残っている場所を通るから。そのため1年に1回、同じ時期に同じ流星群が見えるのです。

## 主な流星群

1月4日ごろ　しぶんぎ座流星群
4月22日ごろ　4月こと座流星群
5月6日ごろ　みずがめ座η流星群
7月27日ごろ　みずがめ座δ南流星群
8月13日ごろ　ペルセウス座流星群
10月21日ごろ　オリオン座流星群
11月5日ごろ　おうし座南流星群
11月12日ごろ　おうし座北流星群
11月18日ごろ　しし座流星群
12月14日ごろ　ふたご座流星群

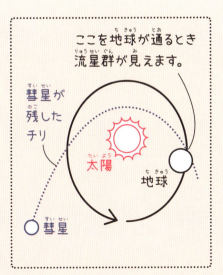

# オーロラが見える日は、停電するかもしれない。

夜空

　オーロラが見えるのは、「太陽風」が原因です。「太陽風」とは、太陽から届く電気を持った小さなつぶのこと。このつぶが地球の大気にぶつかることで、緑、赤、ピンクなどに光るのです。

　オーロラがはげしく見える日は、それだけ強い太陽風が届いているということ。1989年には、太陽風によって地球の磁気が乱れ、カナダで大停電が起きました。約600万世帯が完全復旧するのに、何ヶ月もかかったそうで……おそるべし太陽風。

　ちなみに、太陽風が大気中の酸素とぶつかると緑や赤のオーロラ、ちっ素とぶつかると紫やピンクのオーロラになります。

オーロラは、
南極側(なんきょくがわ)でも
見(み)えるのに……。

夜空(よぞら)

父(とう)ちゃん あれなに？

光(ひか)る布(ぬの)だよ

「オーロラ」と聞くと、フィンランド、スウェーデン、カナダなど、北極に近い国を想像しませんか？ でも、オーロラが見えるのは北極側だけではありません。北極のまわりでオーロラが見える日は、南極のまわりでも現れています。ただ、南極側でオーロラが見える場所の多くは海の上や南極大陸なので、人が行きづらいのです。

# 北極星は、ちょっと動いている。

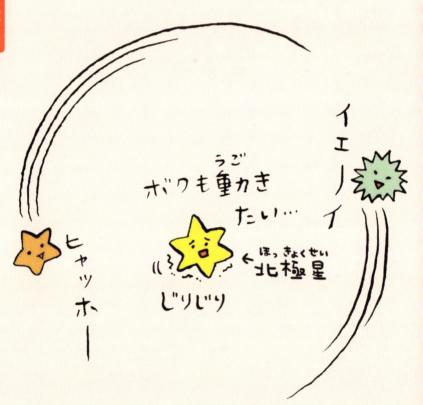

北極星は一晩中、沈むことなく夜空で輝きます。それは、北極星が北極の真上近くにあるから。地球がまわっても、北極の真上近くにあれば動いていないように見えるのです。

　ただ、まったく動いていないのかというと、実はちょっと動いています。北極のピッタリ真上にあるわけではないため、毎日小さな円を描いてまわっているのです。

北極星は、北極のほぼ真上で輝く星。つまり、北極星が見えれば、北の方角が分かります。ただし、北極の真上から少しずれた場所にあるので、時間が経つとともに小さな円を描いてまわります。

# 冬の星座は、夏の夜空でも見えている。

「冬の星座」とは、かんたんに言うと「冬の20〜21時ごろ、南の空に見える星座」のこと。同じように「夏の星座」は、「夏の20〜21時ごろ、南の空に見える星座」のことです。

　では、夏の明け方（朝がくる少し前）に夜空を見てみるとどうでしょう？　東の空には、なんと冬の星座であるオリオン座が輝いています。つまり、冬の星座も、夏の明け方には見ることができるのです。……みんなが寝ている時間ですが。

# 赤い星は、年老いた星。

星座の星でいちばん明るいシリウス（おおいぬ座）は、青白く輝く星で表面の温度が約1万℃もあります。

一方、赤く輝くベテルギウス（オリオン座）は、見た目は熱そうですが、星の中では温度が低く表面は約3000℃。歳をとってどんどん膨らみ、温度が下がってしまったのです。青白い星のほうが赤い星より熱いなんて、イメージと違いますね。

ちなみに、火星（P78）が赤く見えるのは地表の色で、温度は関係ありません。つまり、ベテルギウスと火星は、赤く見える理由が違うのです。……まぎらわしい。

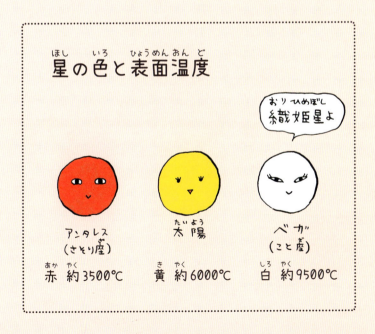

# 3章 せつない惑星の

はなし

# 惑星の由来は、「惑う星」。

　火星や金星などの惑星は、星空での位置が一定ではありません。毎日位置を変えて輝きます。たとえば、火星がさそり座の近くで輝く日もあれば、てんびん座の近くで輝く日もあるのです。

　このように毎日少しずつ位置を変えて、「惑うように動く星」であるため、「惑星」と名づけられたと言われています。ほかにも、「見る人を惑わせる星」が由来という説も……どちらにしろ、星空を自由に動きまわる惑星の気ままな感じが、名前にも影響しているようです。

ぼくはいつも同じ形なのに

さそり座

# 惑星は、自分の力では輝けない。

星座の星はすべて、太陽のようにみずから光り輝いています。でも、惑星は自分の力では輝けません。太陽の光を反射することで輝いて見えるのです。金星、火星、木星……惑星たちが夜空でひときわ明るく見えるのも、実は太陽のおかげ。

スターが魅力的に輝いて見えるのは、かげの支えがあるからなんですね。

# 水星は、いつも太陽の近くにいる。

　水星は、太陽にいちばん近い惑星です。そのため、地球から見ると常に太陽の近くにあり、夕方の太陽が沈む西の空か、明け方の太陽がのぼる東の空でしか見ることができません。

　いつも太陽のそばにいて、すぐに見えなくなる水星……もしかして恥ずかしがり屋さん？

## 水星（Mercury マーキュリー）

直径：4880km

公転周期：87.97日

自転周期：58.65日

衛星の数：0

公転周期：太陽系の惑星の場合、太陽のまわりを1周するのにかかる時間。

自転周期：みずから1回転するのにかかる時間。

衛星：惑星のまわりをまわる天体。

※ 直径は赤道部分の長さです。

※ 直径、公転周期、自転周期はおおよその数字です。

# 水星は、
# 熱しやすく冷めやすい。

……。

夜

あんた だれ？

水星は太陽にいちばん近い惑星なので、とても熱くなる星です。昼間は表面が約400℃にもなります。しかし夜になると一転、なんとマイナス150℃以下の世界に……ブルブル。

　昼と夜の温度差がはげしい理由は、大気がないから。昼間は太陽の光を浴びて温度がすぐに上がりますが、夜になると大気がないため熱を保てず、急に温度が下がってしまいます。熱しやすく冷めやすい水星は、二面性がある星なのです。

# 水星の表面は、ボコボコ。

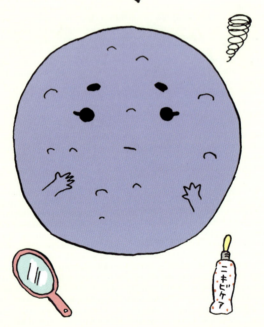

水星の表面には、月と同じようにクレーター（隕石のあと）がそのまま残っています。水星が生まれてから、大きな地殻の変動がなかったからだと考えられています。

ちなみに水星の表面に液体の水はありませんが、北極のクレータの中に氷が見つかっています。

# 水星の1年は、
# 3ヶ月しかない。

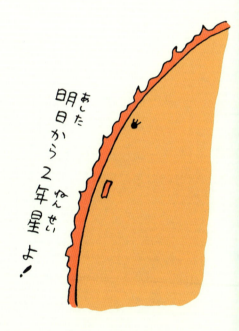

　地球は、太陽のまわりを約365日かけて1周します。そのため、1年は365日です。一方、太陽にいちばん近い水星は、約88日で1周してしまいます。そのため、1年は88日……約3ヶ月しかないのです。学校で考えると、ほぼ1学期で1年が終了……あっという間ですね。

# 金星は、
# ずっとくもり。

　金星に晴れの日はありません。毎日くもっています。地球の雲は水滴や氷のつぶでできていますが、金星は硫酸の雲が数kmの厚さで広がっているのです。そのため、太陽の光は地球と比べて約10％しか地表に届きません。しかし、この硫酸の雲は太陽の光をよく反射するため、金星は明るく輝いて見えます。

　それにしても、毎日くもっているなんて……気分もどんよりしてしまいますね。


## 金星（Venus ヴィーナス）

直径：1万2104km

公転周期：224.70日

自転周期：243.02日

衛星の数：0

※ 直径は赤道部分の長さです。
※ 直径、公転周期、自転周期はおおよその数字です。

# 金星の雨は、浴びたら死ぬ。

　硫酸でできた金星の雲は、ときどき雨を降らせます。この雨がとても危険。なんでも溶かしてしまいます。ただし、地表にまで届くことはありません。地表に近づくにつれて温度が上がり、届く前に蒸発してしまうのです。また、金星の上空では「スーパーローテーション」と呼ばれる、秒速100mもの強風がビュンビュン吹き荒れています。

　ちなみに、金星の地表は地球の深海900mとほぼ同じ気圧のため、人間はすぐペシャンコに……おそろしすぎる！

# 金星は、
# めちゃめちゃ熱い。

　金星の地表は、太陽にいちばん近い水星より温度が高く、約470℃もあります。二酸化炭素でできた大気が熱を包みこむからです。
　大きさや重さが地球と似ていることから、「地球のふたご星」とも呼ばれる金星ですが、とても人間が住める環境ではありません。とはいえ、地球も二酸化炭素による温暖化が心配されているので……もしかしたら金星は未来の地球の姿かも。

# 地球は最後、太陽に飲みこまれる。

　私たちの地球は、みずから爆発することはありません。でも、50億年以上先に、大きくなった太陽に飲みこまれると考えられています。寿命が近づいた太陽は、オリオン座のベテルギウス（P59）のようにどんどん膨らんで赤くなり、火星あたりまでを飲みこんでしまうのです。

　ちなみに太陽の寿命は約100億年。現在は約46億歳です。

## 地球（Earth　アース）

直径：1万2756km

公転周期：365.26日

自転周期：1.00日

衛星の数：1

※ 直径は赤道部分の長さです。
※ 直径、公転周期、自転周期はおおよその数字です。

惑星

# 火星は、さびた星。

　夜空の中でも、特に赤い色が目立つのが火星。その赤い輝きは血を連想させるため、ローマ神話の戦いの神・マルスが由来となり、英語では「マーズ(Mars)」と呼ばれます。

　でも、火星は真っ赤に燃えているわけではありません。太陽の光を反射して、地表の赤い色が見えているのです。ちなみに火星の地表は、赤い酸化鉄を含む砂でおおわれています。酸化鉄とは……さびた鉄。つまり火星はさびているのです。

## 火星 (Mars マーズ)

直径：6788km

公転周期：1.88年

自転周期：24.6時間

衛星の数：2

※ 直径は赤道部分の長さです。
※ 直径、公転周期、自転周期はおおよその数字です。

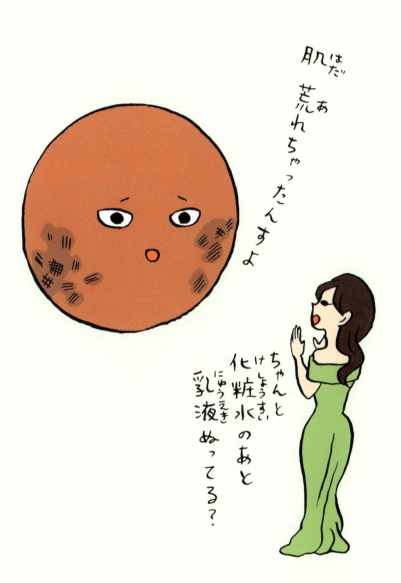

# 火星は、「火の星」と書くのに、寒い。

アツいって言った

おぼえないし

火星の平均気温は、マイナス50℃ほど。地球より太陽から遠いため、赤道の近くでも20℃くらいまでしか上がりません。温度の低い北極や南極の近くでは、二酸化炭素や水がこおったエリアが見つかっています。……全然「火の星」ではありませんね。

# 火星の火山は、高すぎ。

　火星には高さが2万m以上の火山があります。それがオリンポス山。地球でいちばん高いエベレスト（8848m）と比べても、2倍以上の高さです。ほかにも、1万mを超える山がいくつかあって……地球とはケタが違いますね。

　また、高い山があれば、深い谷もあります。それが、深さが8000mにもなるマリネリス峡谷です。幅は約600kmで、長さはなんと3000km以上！　太陽系最大級の火山と峡谷がある火星。あなたは行ってみたい？

## column 3

# 火星人の イメージは、 小説から生まれた。

火星？
知らないよ

なんとなくタコのようなイカのような不思議な生きもの……それが火星人の一般的なイメージです。それは、ある天文学者の言葉がきっかけとなって生まれました。

19世紀後半、アメリカの天文学者・ローウェルは、自分で天文台をつくり、火星の観測に夢中になって

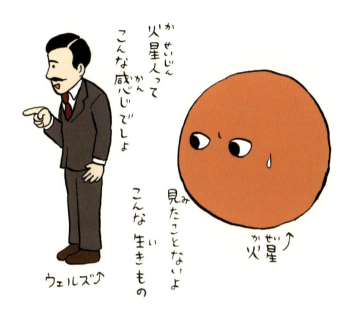

いました。そして1894年、こんな主張をしはじめます。
「高度な文明を持つ火星人が、火星に運河をつくった」
　それを聞いた人々は、火星の話題で大盛り上がり。世界に火星ブームがやってきたのです。すると1898年、イギリスの小説家・ウェルズが『宇宙戦争』を発表します。火星人が地球を侵略するこの小説。その中で描かれた火星人のイラストが、この不思議な生きものだったのです。

# 木星は、
# ほとんどガス。

太陽系の惑星の中でいちばん大きいのが木星です。中心には金属や岩石があると考えられていますが、ほとんどはガスでできています。ガスの約9割は水素で、残りはほぼヘリウムです。

木星では、ガスの大気がしま模様をつくっています。「目」のように見える部分は、「大赤斑」と呼ばれる大気のうず。地球がまるごと入るほど大きく、中では台風に似た現象が起きていると考えられています。最大風速は時速数百kmとも……中に入ると痛い目にあいそうです。

## 木星（Jupiter ジュピター）

直径：14万2984km

公転周期：11.86年

自転周期：9.9時間

衛星の数：79

※ 直径は赤道部分の長さです。

※ 直径、公転周期、自転周期はおおよその数字です。

※ 衛星の数は、軌道が未確認のものも含みます。

# 木星は、月だらけ。

　地球の月のように、惑星のまわりをまわる天体を「衛星」と言います。地球には衛星（月）は1つしかありません。でも、木星にはなんと79もの衛星が確認されています。こんなに多いと、ちょっとありがたみがないかも……。

　その中でも、天文学者・ガリレオが発見した4つ（イオ、エウロパ、ガニメデ、カリスト）は、「ガリレオ衛星」と呼ばれています。まさかガリレオも、木星に数十もの衛星があるとは思わなかったはず。

# 木星は、ちょっと太っている。

　地球は24時間かけて、みずから1回転します(これを「自転」と言います)。しかし、木星は自転に約10時間しかかかりません。地球の11倍も大きい木星があまりにも速く自転しているため、遠心力で赤道部分がふくらみ、少し太ってしまっているのです。

　ちなみに、おとなりの土星も、自転に約10時間半しかかからないため、同じように少し太っています。

# 土星の「わ」は、氷。

　土星の「わ」は、平べったい円盤ではありません。その正体は、数mm〜数mの氷のつぶたち。それらが無数に土星のまわりをまわっているため、遠くから見ると円盤のように見えるのです。

　土星も木星と同じく衛星（P86）の数が多く、65もあります。土星の「わ」は、その衛星から吹き出した氷などでできていると考えられています。

## 土星（Saturn サターン）

直径：12万536km

公転周期：29.53年

自転周期：10.7時間

衛星の数：65

※ 直径は赤道部分の長さです。
※ 直径、公転周期、自転周期はおおよその数字です。
※ 衛星の数は、軌道が未確認のものも含みます。

# 土星以外にも、「わ」はある。

惑星

　「わ」のある星といえば土星！……と思っていませんか？　でも実は、土星以外にも「わ」のある惑星があります。それが、木星、天王星、海王星。つまり、木星より外側の惑星には、すべて「わ」があるのです。ただし、木星、天王星、海王星の「わ」は、普通の望遠鏡では見えないほど細いので、やっぱり土星の「わ」は特別かも。

　ちなみに、「わ」は漢字だと「輪」ではなく「環」と書くのですが……あまり知られていないようです。

## column 4

# ガリレオは、土星の「わ」を耳だと思った。

見えただけでもすごいでしょ！

正解！

「自分でつくれるかも」

1609年、オランダで望遠鏡が発明されたことを知ったガリレオは、すぐに自分でも設計しはじめます。そして、より優れた倍率の望遠鏡を発明したのです。ガリレオはこの望遠鏡によって、木星に衛星（P86）があ

←ガリレオ

ることや、金星が月のように満ち欠けしていることなどを次々と発見。当時の人たちを驚かせます。

ただ、それでも遠くの土星はよく見えず、1610年に土星を望遠鏡でのぞいたガリレオの目には、「わ」は「奇妙な耳のようなもの」に見えたそう……。それが「わ」だと分かるのは1655年。オランダのホイヘンスが倍率50倍の望遠鏡でのぞいたときのことです。ガリレオが「耳のようなもの」を見つけてから、45年後のことでした。

# 天王星は、横に倒れている。

横に大きく倒れて自転している天王星。その理由は、天王星ができたころに大きな天体がぶつかり、自転の軸が傾いたからと考えられています。

天王星だって、好きで傾いているわけではないのです。

## 天王星（Uranus ウラヌス）

直径：5万1118km

公転周期：84.25年

自転周期：17.2時間

衛星の数：27

※ 直径は赤道部分の長さです。
※ 直径、公転周期、自転周期はおおよその数字です。

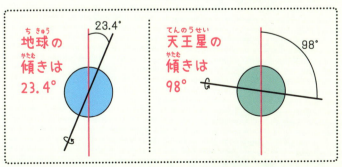

地球の傾きは 23.4°

天王星の傾きは 98°

## column5
# 天王星は最初、「ジョージ」と名づけられた。

すいません ← ハーシェル

1781年3月13日、日本がまだ江戸時代のころ。イギリスの天文学者・ハーシェルは、望遠鏡でふたご座のあたりを観察していました。
「あれ？　あの星はなんだ？」
　夜空の星の位置を暗記していた彼は、そのとき見慣れない天体を見つけます。そして、こう考えました。
「おそらく彗星だろう」

 しかし、後日その動きを計算することで、新たな惑星（天王星）であることが分かりました。「惑星は土星まで」と考えられていたこの時代に、だれもが驚く新発見となったのです。

 ちなみに、発見者のハーシェルは、ジョージ3世にお世話になっていたため、天王星を「ジョージ」と名づけています。しかし、一般の人には広まらず、1850年に「Uranus（天の神・ウラヌス）」と変更され、日本では「天王星」と呼ばれるようになりました。

 彗星と勘違いされたり、名前が変わったり……天王星はいろいろ世間を騒がせた星のようです。

# 海王星は、
# 1年が長すぎ。

　太陽系のいちばん外側をまわる惑星が海王星です。太陽と地球の距離と比べると、太陽と海王星の距離は約30倍。とても遠くに位置しているので、太陽のまわりを1周するのに約165年もかかってしまいます。つまり、海王星の1年は、地球の165年なのです。また、表面の温度はマイナス200℃以下……すべて太陽から遠いせいです。

## 海王星（Neptune ネプチューン）

直径：4万9532km

公転周期：165.23年

自転周期：16.1時間

衛星の数：14

※ 直径は赤道部分の長さです。
※ 直径、公転周期、自転周期はおおよその数字です。
※ 衛星の数は、軌道が未確認のものも含みます。

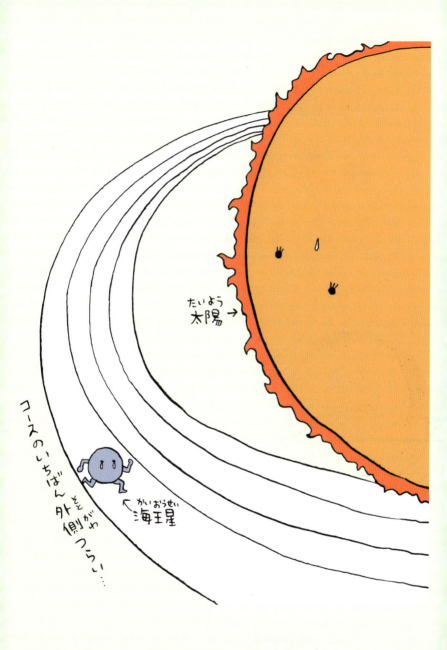

## column 6

# 海王星の発見者は、3人いる。

アダムスさんもおいでよ

アダムス

みつけました

　海王星の発見者は、3人記録されています。

　1846年、イギリスの数学者・アダムスは、計算によって海王星の位置を予測しました。その計算結果を持って、グリニッジ天文台の天文台長のもとへ。しかし、天文台長はあいにく留守でした。仕方がないので、アダムスは計算結果を机に置いて帰ってしまいます。天文台長は忙しかったのでしょう。その計算結果は

重視されなかったようです。

　同じころ、フランスの天文学者・ルベリエも海王星の位置を予測していました。その計算結果を、ベルリン天文台の天文台長のもとへ持っていったルベリエ。すると、天文台長は助手に探すように指示し、すぐに夜空で海王星を発見してしまったのです。

　しかし、海王星の発見者には、ルベリエ、ガレ（ベルリン天文台長）とともに、アダムスの名前も記されています。もしその栄誉がなかったら、アダムスはグリニッジ天文台長をうらみつづけたかも……？

　ちなみに、「海王星の1年」は地球の約165年（P98）なので、海王星が発見された1846年から考えると、2011年でやっと「海王星の1年」が経ったことになります。

101

# 冥王星は、惑星から外された。

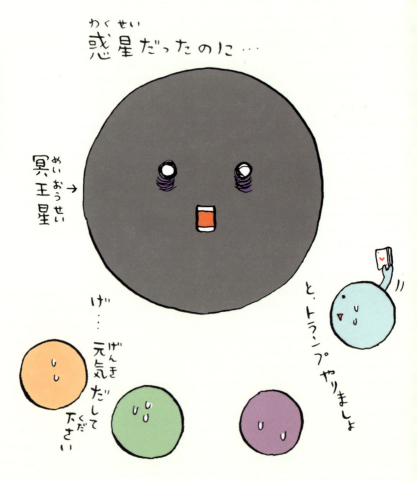

　1930年に発見された冥王星。実は、少し前まで「太陽のいちばん外側をまわる惑星」とされていました。しかし、1990年代になると冥王星と同じくらいの大きさの星がたくさんあることが分かりはじめます。そこで2006年に「準惑星」という新しいカテゴリができ、冥王星はこの「準惑星」に分類されることになりました。つまり、冥王星は元・惑星なのです。

　ちなみに、冥王星、エリス、マケマケ、ハウメア、ケレスの5つが準惑星に分類されています。

103

# 火星と木星の間には、岩石がたくさんある。

　火星と木星の間には、「小惑星帯」と呼ばれる岩石がたくさんあるエリアがあります。岩石のほとんどは直径10km以下。このように小さな天体を「小惑星」と言います。小惑星帯では、小惑星が数十万個も発見されていて、地球に落ちる隕石の中にも小惑星帯からやってくるものがあると考えられています。

　ちなみに、「はやぶさ2（P128）」の目的地の小惑星「リュウグウ」は、小惑星帯から外れて地球に近いところにある小惑星です。

# 「たこ焼き」という名前の星がある。

小惑星を見つけると、発見した人に名前をつける権利が与えられます。自分の名前や地名をつける人もいますが、中には「Takoyaki(たこ焼き)」「Kamenrider(仮面ライダー)」「Totoro(トトロ)」など……かなりユニークな名前も。
「16文字以内であること」「発音可能であること」など、いくつかの条件を満たしていれば、好きな名前がつけられるのです。

# 4章

せつない
太陽と月の

はなし

# 太陽は、
# 実は燃えていない。

太陽は「燃えている」と思われがちですが、燃えているわけではありません。「水素原子と水素原子がぶつかり、ヘリウム原子になる」という現象（核融合反応）が太陽では起こっていて、このときに大きなエネルギーが生まれ、熱や光となっているのです。太陽の表面は約6000℃。中心は1500万℃以上にもなります。

すごく熱いのに燃えていない……なんか不思議ですね。

## 太陽（Sun サン）

直径：139万1000km
自転周期：25.38日

※おおよその数字です。

太陽と月

# 太陽も、止まっていられない。

ついてきてる〜？

水星

金星

太陽

「太陽のまわりをまわるのが惑星」……と言うと、太陽は中心で止まっているように感じるかもしれませんが、実はすごいスピードで銀河系（P154）の中を移動しています。その速さは時速80万km以上とも。時速300kmの新幹線と比べても、2500倍以上。惑星たちは、猛スピードで動いていく太陽のまわりをまわっているのです。

## column 7

# 源氏は、日食におびえて戦いに負けた。

わしは怒ってないよ

なんで暗くなったの…

日食は、歴史にも影響を与えていたようです。1183年11月17日、都を追われた平氏の軍と、追ってきた源氏の軍が岡山県水島の海でぶつかりました。はげしい戦いの途中、昼にもかかわらず空が暗くなりはじめます。
「なんだなんだ!?」

　異変に気づいた源氏の軍は大あわて。

「それ！ いまだ！」

　混乱して逃げ出す源氏の軍を、平氏の軍は一気に攻め立てます。その結果、水島での戦いは平氏の圧勝となりました。

　源氏がおそれた暗い空の正体は、太陽が月に隠されて欠けて見える日食。平氏は、この日に日食が起こることを事前に知っていたと言われています。

113

## column8

# 日食を予測できず、殺された人がいる。

死刑！

天文官

今日はオフなのに……

約4000年前の中国でのお話。昼間に空を見上げた民衆たちが、何やらざわつきはじめます。太陽が少しずつ欠けはじめたからです。

「ほら！　太陽が消えていくぞ！」

どんどん見えなくなっていく太陽をおそれ、民衆たちはわけも分からず走りまわったり、逃げ出したり……。その混乱を知った王は、カンカンに

怒りました。

「天文官たちは何をしていたのだ!」

「彼らは昼からお酒を飲んで酔っぱらっています」

「むむ……死刑だ! 天文官の首を切るのだ!」

　日食を事前に予報できなかった天文官たちは、こうして殺されてしまったそうです。

　好きなことばかりせず、任されたことはきちんとやらなければいけませんね。

# 月は、裏側を見せてくれない。

太陽と月

月は、ずっと同じ面を地球に向けながら、地球のまわりをまわっています。月の自転周期（みずから1回転するのにかかる時間）と公転周期（地球のまわりを1回転するのにかかる時間）が、どちらも同じ（27.32日）だからです。

ちなみに、月の裏側には表側よりクレーター（隕石のあと）がたくさんあります。また、表側にある溶岩の流出によってできた地形が、裏側にはほとんどありません。

常に表しか見せない月……裏の顔が気になりますね。

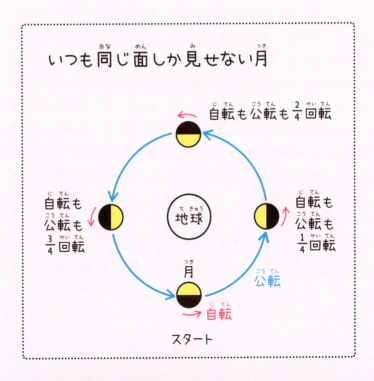

# スーパームーンは、占い関係者がつくった言葉。

月は、地球のまわりをだ円状にまわっています。そのため、地球と月の距離は、遠いときは約40万km、近いときは約36万kmとなります。最近では、地球に近いときの満月を「スーパームーン」と呼ぶことも。実はこの言葉、占い関係者が言い出したもの。天文用語ではありません。その定義はあやふやですが、言葉のインパクトもあって世界中に広まったようです。ネーミングって大切ですね。

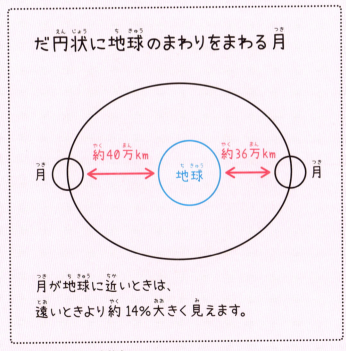

※ 図は距離の違いを強調しています。

# 月は、地球のかけらでできている。

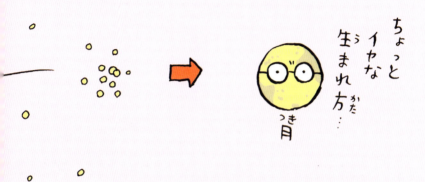

　地球が生まれたのは、いまから約46億年前。月が生まれたのは、約45億年前です。

　地球に、地球の半分くらいの大きさの天体がぶつかり、地球や天体のかけらが飛び散り、やがてその一部が集まって月になったと考えられています。これを「ジャイアント・インパクト説（巨大衝突説）」と言います。つまり、もともと地球だった部分が、月の中にもあるというのです。

# 月の模様は、「おばあさん」にもなる。

　日本では、「月」といえば「ウサギ」が有名です。でも、ほかの国では月の模様にさまざまな形を見つけています。ライオン、ワニ、ロバ、カエル、まきをかつぐ男、泣いている男、本を読むおばあさんなど……。次の満月のとき、月の中でおばあさんが本を読んでいるか、ぜひ見上げてみてください。

太陽と月

ライオン

本を読むおばあさん

ワニ

## column9

# 「地球がまわっている」と言ったら、罪になった時代がある。

ホントのこと
言っただけ
なのに…

コペルニクス↘

　地球は太陽のまわりをまわっている……いまでは当たり前の話です。でも昔は、「地球はすべての中心であり、太陽や星が地球を中心にまわっている」と考えられていました。いまとは逆だったのです。

　ポーランドの天文学者・コペルニクスは、1543年に「地球が太陽のまわりをまわっている」と主張した本を出版します。しかし、その本は受け入れられず、教会によって出版禁止となってしまいました。

　その後、コペルニクスの考えに賛成したイタリアの天文学者・ガリレオも、ひどい目にあわされます。1633年に裁判で罰せられ、
「自分は間違っていた」
「コペルニクスは間違いである」
と、むりやり言わされたのです。しかし、最後にガリレオは、こうつぶやいたと言われています。
「それでも地球は動いている」
　自宅で監禁されることとなったガリレオは、1642年に77歳で亡くなりました。
　正しいことを言っても、受け入れてもらえないときもある。世の中って、ときどき理不尽ですね。

# 5章(しょう)

# せつない
# 宇宙開拓(うちゅうかいたく)の

# 「はやぶさ2」の エンジンは、鼻息くらいの力しかない。

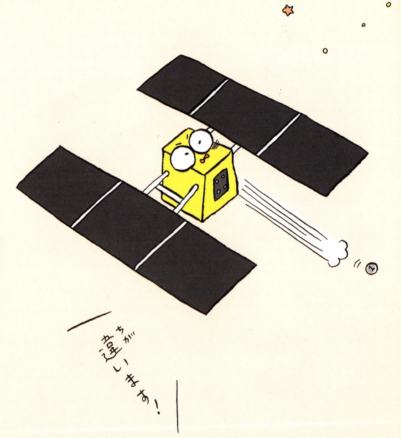

小惑星探査機「はやぶさ2」のエンジンは、地球ではとても無力です。その力は鼻息程度。一円玉を動かすくらいの力しかありません。しかし、1万時間以上運転しても故障しないほど寿命が長くつくられていて、空気の抵抗がない宇宙ではその力を存分に発揮します。鼻息程度の力でも、長い時間運転するととても大きな力になるのです。

「はやぶさ2」はエンジンを数千時間運転することで、時速3600kmも加速して小惑星「リュウグウ」へ到着しました。

「はやぶさ2」は、太陽の光に支えてもらった。

君が必要なんです

宇宙開拓

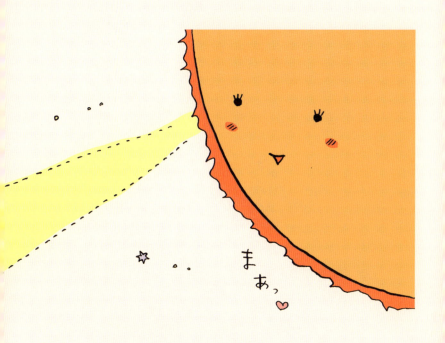

「はやぶさ2」は、太陽の光をうまく受けることで機体の向きを調整し、小惑星「リュウグウ」を目指しました。宇宙には空気の抵抗がないので、太陽の光さえも物を動かす力になるのです。わざわざ太陽の光を使うのは、燃料を節約するためです。

ちなみに、日本が開発した世界初の宇宙ヨット「イカロス」は、太陽の光の力を使って宇宙を進むことができます。普通のヨットは帆に風を受けて進みますが、「イカロス」は帆に太陽の光を受けて進むのです。

効率よく省エネ運転……地球も宇宙も同じですね。

# 「はやぶさ」は、小惑星の砂を届けて燃え尽きた。

「はやぶさ２」は、小惑星「リュウグウ」の砂を地球に持ち帰ることが目的ですが、初代「はやぶさ」はどんな仕事をしたのでしょうか？　「はやぶさ」は、2010年に小惑星「イトカワ」の砂を持ち帰った小惑星探査機です。小惑星から物質を持ち帰ったのは、これが世界初でした。

　しかし、「はやぶさ」は「イトカワ」の砂を入れたカプセルを切り離して地球に届け、「はやぶさ」自身は地球の大気の中で燃え尽きてしまいました。たくさんの部分が故障していたため、ほかに方法がなかったのです。

　科学の発展のために犠牲となったヒーロー、それが初代「はやぶさ」なのです。

宇宙開拓

# 月と人工衛星は、ある意味仲間。

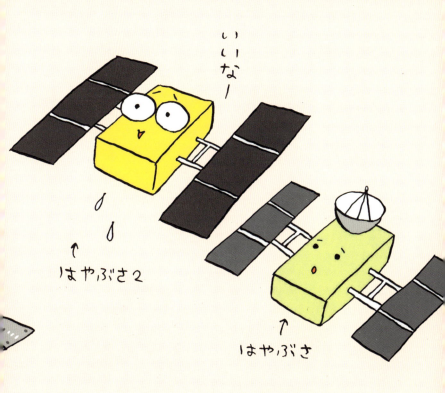

　惑星のまわりをまわるものを「衛星」と言います。地球は惑星なので、月は「地球の衛星」というワケです。また、人がつくった衛星は、「人工衛星」と呼ばれます。人工衛星は地球をまわりながら、テレビ・スマートフォンの通信や、天気を調べることなどに利用されています。

　ちなみに、「はやぶさ」や「はやぶさ2」は、地球から離れていくので「人工衛星」ではなく「探査機」と呼ばれます。

# 宇宙では、ペットボトル1本の水が100万円。

　地上約400kmにあるISS（国際宇宙ステーション）では、水はとても貴重です。地上では100円程度で買えるペットボトル1本（500ml）の水が、ISSでは輸送費を考えるとなんと約100万円にもなります。

　ちなみに、宇宙服は1着10億円以上……ISSでの生活は、高度もお金もかなり高い！

# 宇宙では、昨日のオシッコが、今日のコーヒーになる。

　ISSでは水が貴重であるため、できるだけ再利用しています。たとえば、オシッコをしたあと、ていねいに浄水して飲み水として使っているのです。そのため、昨日のオシッコが今日のコーヒーとして使われることも。でも、それだけ水を大切にしているということですね。

# 宇宙では、シャワーを浴びると死ぬかもしれない。

　ISSには、シャワーもお風呂もありません。むしろ、顔に水がかかるとすごく危険。無重力の宇宙では、水が顔に広がったまま離れず、呼吸ができなくなることもあるのです。また、機械に水が触れると故障の原因にもなります。

　宇宙で水は貴重ですが、あつかい方には気をつける必要がありそうです。

命綱なしで
宇宙に出た
宇宙飛行士がいる。

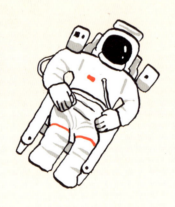

宇宙開拓

　昔の宇宙飛行士は、命綱をつけずに宇宙を遊泳することもありました。1984年には、スペースシャトルから約90mも離れたところで遊泳した宇宙飛行士がいます。

　現在は、宇宙飛行士がISSの外（宇宙）で活動する際は、必ず命綱をつけます。ISSの外に出るのは、設備の修理や点検などを行うときです。

　命綱なしだと、遊泳する宇宙飛行士だけでなく、見ているほうもかなりドキドキしそう……。

# 宇宙では、毎日2時間以上の筋トレが必要。

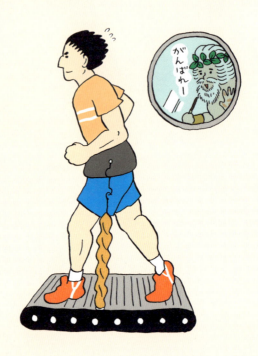

「宇宙は体がフワフワ浮いてラクそう」と思ってしまいそうですが、ラクをしていると筋力がどんどん落ちて、地球に帰った後に生活できなくなってしまいます。そのため、宇宙飛行士はISSの中で、毎日2時間以上の筋トレをしているのです。

　宇宙飛行士になるには機械や科学の勉強だけでなく、運動も必要なんですね。

宇宙開拓

# 宇宙飛行士は、地球に戻るとすぐには立てない。

　宇宙でどんなに筋トレをしても、地球に戻った宇宙飛行士は、すぐには立てません。筋力の低下というより、無重力の宇宙から重力のある地球に帰ってきたことによる、バランス感覚の違いが大きいようです。

　そのため、地球に戻ってきた宇宙飛行士は、両脇を抱えられたり、車イスに乗せられます。

# 6章

# せつない
# 宇宙と星の

# はなし

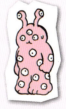

# 宇宙のはじまりは、ビッグバンではないかもしれない。

インフレーションはね、
0.000000000000000000000000000001秒
以下の時間に起きたんだよ

宇宙と星

「ビッグバンが宇宙のはじまり」と思っていませんか？ 実は、現在は「ビッグバンの前に、宇宙の急激な膨張があった」と考えられています。それが、「インフレーション」。生まれたばかりの小さな宇宙で「インフレーション」が起こり、そこで生まれたエネルギーが宇宙を火の玉に変え、ビッグバンがはじまったと言われています。

ちなみに、「インフレーション」の時間は、1秒の100億分の1の100億分の1の100億分の1以下。あまりにも短すぎて、想像するのも難しいですね。

# 星は、ガスやチリから生まれる。

私たちがママよ ♡

ええ…

↑地球

太陽↓

宇宙と星

　星のもとは、なんと宇宙にただようガスやチリ。それぞれが引力で引き寄せあって集まり、やがて1つになって星が生まれるのです。太陽もガスやチリから生まれました。また、地球も太陽のまわりにあったガスやチリが集まってできたと考えられています。
　つまり、すべての星のお母さんは、ガスやチリってことですね。

# 超新星爆発は、「新星」と書くけど、年老いた星の爆発。

重い星は最後、自分の重力でつぶれ、その反動で大爆発を起こします。これが「超新星爆発」。つまり、年老いた星が爆発することなのです。

　鎌倉時代の歌人・藤原定家は、日記『明月記』の中で「1054年におうし座に明るい星が生まれた」と記しています。これも本当は超新星爆発で、「星が生まれた」と勘違いしたものと言われています。この爆発によって宇宙に飛び散ったガスやチリが、やがて新しい星のもとになるのです。

　ちなみに、オリオン座のベテルギウスも、そろそろ超新星爆発のころだと考えられています。

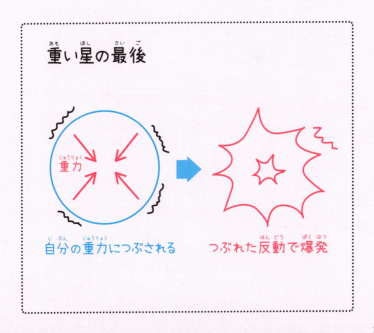

# 「銀河系」と「銀河」は、意味が違う。

星座のキャラクターたち

ぼくたち銀河系

ぼくたち太陽系

すいせい
水星

かせい
火星

つき
月

ちきゅう
地球

きんせい
金星

どせい
土星

宇宙と星

　銀河とは、たくさんの星の集まりのことです。また、銀河系とは、私たちが住む太陽系のある銀河のこと。たくさんある銀河の中の1つが、銀河系なのです。夜空に見える星座は、すべて銀河系の星でできています。

　ちなみに太陽系とは、太陽を中心にまわっている惑星や小惑星などのこと。地球は太陽系の中にあり、太陽系は銀河系の中にあるのです。

# 銀河系は将来、別の銀河とぶつかる。

星同士はぶつからないみたいだから大丈夫よ

ママ ぼくたちもなくなっちゃうの？

　秋の夜空にぼんやりと見えるアンドロメダ銀河。その大きさは、銀河系の2倍以上で、数千億もの星があると言われています。このアンドロメダ銀河と銀河系は、約30〜40億年後にぶつかると考えられています。

　ただ、銀河と銀河の衝突はほかにも観測されていて、宇宙ではめずらしいことではないようです。

# 星の数は、多すぎ……。

　宇宙に星はいくつあるのでしょうか？　宇宙には銀河が約1兆あると考えられています。その銀河1つに約1000億の恒星（太陽のようにみずから輝く星）があると考えると、星の数は1兆×1000億。恒星のまわりにある惑星の数も考えると……宇宙にはまさに、星が星の数ほどあるのです。

　ちなみに、銀河系には、恒星だけで2000億以上の星があると考えられています。

宇宙と星

1. 2. 3. 4. 5 … 1000000000000000000000001個

も　あるね♥

まあ♥

# 「光年」は、時間の単位ではない。

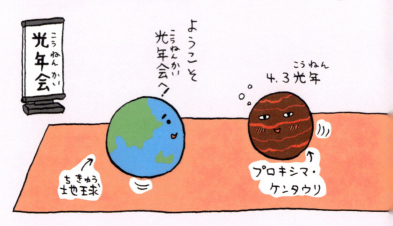

「光年」は、時間の単位ではなく、距離の単位です。光が1年かけて進む距離を「1光年」と言います。光は1秒に約30万km進むので、1光年は「30万（km）×60（秒）×60（分）×24（時間）×365（日）＝約9兆4600億km」です。

　ちなみに、銀河系の大きさは直径約10万光年。アンドロメダ銀河は地球から約230万光年先にあります。

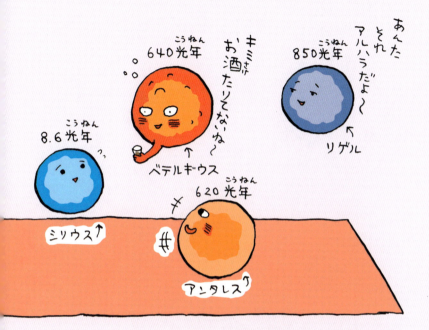

## オリオン座の星の距離

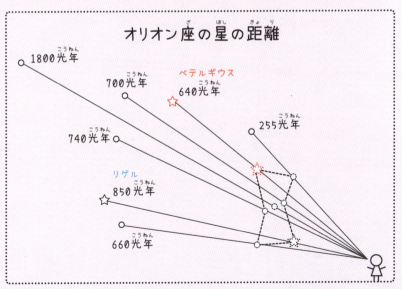

# 宇宙人に送った手紙は、返事があったとしても4万年後。

どこかの星のかわい子ちゃんに届きますよーに！

　1974年、地球から宇宙に電波を利用してメッセージが送られました。送り先は2万光年ほど離れたヘルクレス座の球状星団M13。メッセージには、地球人の姿、人口などが絵文字で描かれました。でも、M13に宇宙人がいてすぐ返事があったとしても、それが届くのは約4万年後……未来に期待ですね。

　ちなみに、星団とは星が集まっているところのこと。その中でも球状星団は、星が球のように集まって見える星団で、10万〜100万個ほどの年老いた星が集まっています。

# 星団には、名前が複数ある。

球状星団M13

またの名を
NGC6205と言います

むりおぼり
覚えられな〜い

宇宙と星

　たとえば、ヘルクレス座の球状星団M13の「M」は、どういう意味があるのでしょう？　これは「メシエカタログ」の頭文字「M」をとったもの。メシエカタログは、フランスの天文学者・メシエが、18世紀に発表した、銀河・星団などのカタログです。

　もう1つ、アイルランドの天文学者・ドライヤーが19世紀末に発表した「ニュージェネラルカタログ（NGC）」というカタログがあります。M13は、ニュージェネラルカタログではNGC6205……同じ星団でも、カタログによって名前が違うのです。

　ちなみに、アンドロメダ銀河は、M31であり、NGC224でもあります。

165

# 宇宙は最後、どうなるか分からない。

ま、さきのこと
なや
悩んでも
しょーがない
もんね♡

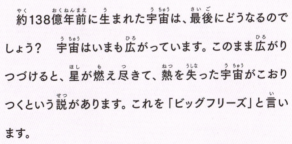

　約138億年前に生まれた宇宙は、最後にどうなるのでしょう？　宇宙はいまも広がっています。このまま広がりつづけると、星が燃え尽きて、熱を失った宇宙がこおりつくという説があります。これを「ビッグフリーズ」と言います。

　ほかにも、銀河や星が引きさかれ、宇宙が粉々になるという説もあります。これを「ビッグリップ」と言います。ただ、宇宙が最後にどうなるかはいまも明らかになっていないのです。

# 索引 さくいん

**あ**

| | |
|---|---|
| アイソン彗星 | 47 |
| アダムス | 100 |
| アンタレス | 59 |
| アンドロメダ銀河 | 157 160 165 |
| イオ | 86 |
| イカロス | 131 |
| イトカワ | 132 |
| 隕石 | 23 32 39 40 70 104 117 |
| 隕鉄 | 39 40 |
| インフレーション | 149 |
| 宇宙ゴミ | 17 |
| 宇宙飛行士 | 17 28 142 144 145 |
| 衛星 | 66 72 76 78 84 86 88 92 94 98 135 |
| エウロパ | 86 |
| エリス | 103 |
| おうし座 | 153 |
| おおいぬ座 | 59 |
| おおぐま座 | 25 |
| オーロラ | 50 52 |
| オリオン座 | 27 56 59 76 153 161 |
| オリンポス山 | 81 |

**か**

| | |
|---|---|
| 海王星 | 42 91 98 100 |
| 核融合反応 | 108 |
| 火星 | 39 59 62 65 76 78 80 81 82 104 |
| 火星人 | 82 |
| ガニメデ | 86 |
| カリスト | 86 |
| ガリレオ | 86 92 125 |
| ガリレオ衛星 | 86 |

詳しく取り上げているテーマのページは、赤字にしています。

ガレ ............... 101

球状星団 ............ 163 165

銀河 ............... 154 156 158 165 167

銀河系 ............. 111 154 156 158 160

金星 ............... 62 65 72 74 75 93

クレーター ......... 23 70 117

ケレス ............. 103

恒星 ............... 158

公転 ............... 117

公転周期 ........... 66 72 76 78 84 88 94 98 117

光年 ............... 160

国際宇宙ステーション .... 17 28 137

こと座 ............. 59

コペルニクス ......... 124


さ　さそり座 ......... 59 62

自転 ............... 87 94 117

自転周期 ........... 66 72 76 78 84 88 94 98 108 117

シューメーカー・レヴィ第9彗星 .. 47

準惑星 ............. 103

小惑星 ............. 104 105 129 131 132 155

小惑星帯 ........... 39 104

シリウス ............ 59

ジャイアント・インパクト説 .. 121

人工衛星 ........... 17 134

彗星 ............... 42 44 46 48 96

水星 ............... 66 68 70 71 75

スーパームーン ........ 118

スーパーローテーション ... 74

スペースシャトル ........ 143

169

| 星座 | 24 27 56 65 155 |
|---|---|
| 星団 | 163 164 |

**た** ダークエネルギー　.......　15

ダークマター.............　15

大赤斑　.............　84

太陽　.............　13 44 47 48 50 59 65 66 69 71 72 75 76 78 80 98
103 108 110 113 114 124 130 151 155 158

太陽系　.............　42 66 81 84 98 155

太陽風　.............　50

地球　.............　17 18 21 23 32 35 39 41 43 48 50 55 66 71 72 74
75 76 80 81 83 84 86 87 95 98 104 117 119 120 124
129 131 132 135 144 145 151 155 160 163

超新星爆発　.........　152

月　.............　18 70 86 93 113 116 119 120 122 134

デネブ.............　27

天王星　.............　91 94 96

土星　.............　87 88 90 92 97

ドライヤー　.............　165

**な** 流れ星　.............　20 34 35 36 39 43 48

日食　.............　112 114

ニュージェネラルカタログ　..　165

**は** ハーシェル　.............　96

ハウメア.............　103

はくちょう座　.............　27

はやぶさ.............　132 135

はやぶさ2.............　104 128 130 132 135

ビッグバン　.............　29 148

ビッグフリーズ.............　167

ビッグリップ.............　167

フォーマルハウト　.........　27

| | | |
|---|---|---|
| ふたご座 | . . . . . . . . . . | 48　96 |
| ふたご座流星群 | . . . . . . . | 48 |
| ブラックホール | . . . . . . . . | 12 |
| ベガ | . . . . . . . . . | 59 |
| ベテルギウス | . . . . . . . . . | 27　59　76　153　161 |
| ヘルクレス座 | . . . . . . . . . . | 163　165 |
| ホイヘンス | . . . . . . . . . . | 93 |
| 北斗七星 | . . . . . . . . . . | 25 |
| 北極星 | . . . . . . . . . . . | 54 |

**主な参考文献**

『世界でいちばん素敵な夜空の教室』
三才ブックス

『世界でいちばん素敵な宇宙の教室』
三才ブックス

『最新 惑星入門』
朝日新聞出版　渡部潤一　渡部好恵

『チロの星空カレンダー』（1月〜12月）
ポプラ社　藤井旭

**ま**

| | | |
|---|---|---|
| マケマケ | . . . . . . . . . . | 103 |
| マリネリス峡谷 | . . . . . . . . | 81 |
| みなみのうお座 | . . . . . . . | 27 |
| 冥王星 | . . . . . . . . . . . | 102 |
| メシエ | . . . . . . . . . . . | 165 |
| メシエカタログ | . . . . . . . | 165 |
| 木星 | . . . . . . . . . . . . | 39　47　65　84　86　87　88　91　92　104 |

**ら**

| | | |
|---|---|---|
| リゲル | . . . . . . . . . . . | 27　161 |
| リュウグウ | . . . . . . . . . . | 104　129　131　132 |
| 流星群 | . . . . . . . . . . . | 48 |
| ルベリエ | . . . . . . . . . . | 101 |
| ローウェル | . . . . . . . . . . | 82 |

**わ**

| | | |
|---|---|---|
| わ（環） | . . . . . . . . . . | 88　90　92 |
| 惑星 | . . . . . . . . . . . . | 47　62　64　66　69　84　86　91　97　98　102　111　135　155　158 |

| | | |
|---|---|---|
| ISS | . . . . . . . . . . . . | 17　28　137　139　141　143　144 |
| M13 | . . . . . . . . . . . | 163　165 |
| M31 | . . . . . . . . . . . | 165 |
| NGC | . . . . . . . . . . . | 165 |
| NGC224 | . . . . . . . . . | 165 |
| NGC6205 | . . . . . . . . . | 165 |

# 夜空はいつだって、ちょっとせつない星座図鑑

監修：多摩六都科学館（浦智史）
文：森山晋平　絵：伊藤ハムスター

定価（本体1,200円＋税）

# せつない。

## 「せつない」シリーズ第1弾

「やぎ座は下半身だけ魚」「ふたご座のパパは鳥」など、ギリシャ神話の物語を中心に、全88星座のせつないはなしを紹介。あなたの星座は、あの人の星座は、どんな泣ける物語？

### やぎ座
**やぎ座のヤギは、下半身だけ魚。**

上半身は人間、下半身はヤギ——牧畜の神・パンは、そんな変わった神様でした。ある日、神々の宴会でパンがあし笛を吹いて踊り上げていると、突然、怪物・テュフォンが現われます。驚いたゼウスはオオワシになって逃げ出しました。パンはというと、魚になって川にもぐろうとしましたが——あわてていたので上半身はヤギ、下半身は魚の姿になってしまったのです。テュフォンが去り、パンを見たゼウスは大爆笑。「そのまま星座にしよう」と言い、パンを夜空に上げたのです。ひどいぞゼウス!

- 誕生星座: 12/23〜1/20
- 学名: Capricornus
- 略称: Cap
- 見やすい時期: 10月上旬 南の星空

### 発売1ヶ月で重版決定

読みたい…

### 各星座の基本知識も紹介!

### カシオペヤ座
**カシオペヤ座は、「娘自慢」で神を怒らせたママ。**

「自慢」と「陰口」は、どこでだれが聞いているか分かりません。エチオピア王の妻・カシオペヤは、美しい娘・アンドロメダが自慢でした。「どんなに海の妖精たちが美しくても、うちの娘にはかないませんわ」——ある日、カシオペヤがこんな自慢をしてしまいます。すると、毎日のように津波が押し寄せ、化けクジラが海に現れるようになりました。海の神・ポセイドンが怒ったのです。実は、ポセイドンの妻は海の妖精で、彼は「妻をバカにされた」と怒ったのです。
その失言の罰として、カシオペヤはイスに縛られた状態で星座になり、北極星のまわりをまわらされています。

- 学名: Cassiopeia
- 略称: Cas
- 見やすい時期: 12月上旬

ぼくも出てます

わしも〜

「天の川の正体は?」「星って最後はどうなるの?」など、星や夜空に関するさまざまな疑問の答えを、美しい星空写真とともに紹介しています。星のことを知ってから夜空を見上げれば、ひとつひとつの輝きがいつもと違って見えるはず!

監修：多摩六都科学館　写真：日本星景写真協会 / NASA　定価（本体1,400円＋税）

「宇宙はいつ誕生したの？」「星はなぜ光っているの？」などの疑問に、シンプルかつわかりやすく答えた1冊。ハッブル宇宙望遠鏡などがとらえた神秘的な写真も多数掲載しています。「宇宙」と聞いてワクワクする人、必見！

監修：浦 智史
（多摩六都科学館）

企画・文：森山晋平
（ひらり舎）

絵：伊藤ハムスター

プラネタリウム解説員。「最も多くの星を投映する」として世界一に認定されたプラネタリウムがある多摩六都科学館で生解説を行う。書籍の監修として『夜空と星の物語』（パイ インターナショナル）、『世界でいちばん素敵な夜空の教室』（三才ブックス）などを手がける。

1981年生まれ。埼玉県越谷市出身。フリーの書籍企画者。出版社勤務時代に『夜空と星の物語』、『何度も読みたい広告コピー』（パイ インターナショナル）などを企画・編集。独立後は『世界でいちばん素敵な夜空の教室』（三才ブックス）、『毎日読みたい365日の広告コピー』（ライツ社）などを手がける。

1986年生まれ。多摩美術大学油絵科卒。坂川栄治イラストレーションクリニック受講後、フリーのイラストレーターに。くすりと笑えるイラストレーションをモットーに制作。4コマ漫画連載『跳べ！イトリ』（毎日新聞デジタル）、書籍挿絵『ネコの看取りガイド』（エクスナレッジ）などを手がける。

# せつない夜空のはなし

2018年11月15日　第1刷発行
2022年11月 1日　第2刷発行
定価（本体1,200円＋税）

| | |
|---|---|
| 監修 | 浦智史（多摩六都科学館） |
| 著者 | 企画・文：森山晋平　絵：伊藤ハムスター |
| デザイン | 公平恵美 |
| 星図イラスト | 山本和香奈 |
| 協力 | 森山明 |
| 発行人 | 塩見正孝 |
| 編集人 | 神浦高志 |
| 販売営業 | 小川仙丈　中村崇　神浦絢子<br>竹村司　井上彩乃 |
| 印刷・製本 | 図書印刷株式会社 |

発行　株式会社三才ブックス
〒101-0041
東京都千代田区神田須田町2-6-5　OS'85ビル
TEL：03-3255-7995
FAX：03-5298-3520
http://www.sansaibooks.co.jp/

※本書に掲載されているイラスト・記事などを無断掲載・無断転載することを固く禁じます。
※万一、乱丁・落丁のある場合は小社販売部宛てにお送りください。送料小社負担にてお取り替えいたします。

©2018, 森山晋平, 伊藤ハムスター